新编 家装设计法则

餐厅·卧室·走廊

主编 于 玲 宋季蓉 陈 岩 都 伟

辽宁科学技术出版社
·沈 阳·

本书编委会

主　编：于　玲　宋季蓉　陈　岩　都　伟
副主编：林墨飞　王诗瑶　姜　伟　甘晓璟　徐雨昕　柳奕如

图书在版编目（CIP）数据

新编家装设计法则. 餐厅·卧室·走廊 / 于玲等主编.
—沈阳：辽宁科学技术出版社，2015.4
　　ISBN 978-7-5381-9133-2

　　Ⅰ.①新…　Ⅱ.①于…　Ⅲ.①住宅—餐厅—室内
装饰设计—图集　②住宅—卧室—室内装饰设计—图
集　Ⅳ.①TU241-64

中国版本图书馆CIP数据核字（2015）第035926号

出版发行：辽宁科学技术出版社
　　　　　（地址：沈阳市和平区十一纬路29号　邮编：110003）
印 刷 者：沈阳新华印刷厂
经 销 者：各地新华书店
幅面尺寸：215 mm × 285 mm
印　　张：6
字　　数：120千字
出版时间：2015 年 4 月第 1 版
印刷时间：2015 年 4 月第 1 次印刷
责任编辑：于　倩
封面设计：唐一文
版式设计：于　倩
责任校对：李　霞

书　　号：ISBN 978-7-5381-9133-2
定　　价：34.80元

投稿热线：024-23284356　23284369
邮购热线：024-23284502
E-mail: purple6688@126.com
http://www.lnkj.com.cn

前言 Preface

　　家居装饰是家居室内环境的主要组成部分，它对人的生理和心理健康都有着极其重要的影响。随着我国经济的日益发展，人们对家居装饰的要求也越来越高。如何创造一个温馨、舒适、宁静、优雅的居住环境，已经越来越成为人们关注的焦点。为了提高广大读者对家庭装饰的了解，我们特意编写了这套丛书，希望能对大家的家庭装饰装修提供一些帮助。

　　本套"新编家装设计法则"丛书包括《玄关·客厅》、《餐厅·卧室·走廊》、《客厅电视背景墙》、《客厅沙发背景墙》、《天花·地面》等5本书。内容主要包括：现代家庭装饰装修所涉及的各个主要空间的室内装饰装修彩色立体效果图和部分实景图片、家居室内装饰设计方法、材料选择、使用知识以及温馨提示等。为了方便大家查阅，我们特意将每本书的图片按照不同的风格进行分类。从欧式风格、混搭风格、田园风格、现代风格和中式风格等方面，对各个空间进行了有针对性的阐述。

　　本书着重向大家介绍家居空间中的餐厅、卧室及走廊。在居室中，卧室可以说是其灵魂和精髓所在，也是一个家庭温馨和浪漫的源泉。而餐厅虽然不是重点，但它的功能是不可或缺的。它不仅是享受美食的空间，更是一家人交流感情的场所。作为家装中最容易让人忽视的细部空间过廊，同样能够体现出一个家庭的品位。我们通过编写本书，将现阶段时尚、前卫的设计风格和最新的装饰材料、施工工艺等通过效果图和文字解析，一一呈现给读者，并在全书中穿插装饰细节小贴士，以便读者更好地掌握餐厅、卧室及走廊的设计要点。希望能够给那些即将搬入新居的读者一些装修方面的专业知识，从而为自己和家人营造一个舒适、温馨、优雅、时尚的用餐、睡眠及过廊空间。

　　本书以图文并茂的形式来进行内容编排，形成以图片为主、文字为辅的读图性书籍。集知识性、实用性、可读性于一体。内容翔实生动、条理清晰分明，对即将装修和注重居室生活品质的读者具有较高的参考价值和实际的指导意义。

　　在本书的编写过程中，得到了很多专家、学者和同行以及辽宁科学技术出版社领导、编辑的大力支持，在此致以衷心的感谢！

　　由于作者水平有限，编写时间又比较仓促，因此缺点和错误在所难免，我们由衷地希望各位读者提出批评并指正。

编者

2015 年春

目录 Contents

餐厅在家居装修中虽然不是重点，但它的地位尤为重要，因为它的功能是不可或缺的。它不仅是人们承载美食的地方，也是一家人团聚交流感情的场所。

卧室篇

用于睡眠休息的场所我们称之为卧室，又被称作卧房、睡房。在功能上，卧室一方面要满足休息和睡眠，另一方面，它必须合乎休闲、工作、梳妆及卫生保健等综合要求。

走廊也称为过道、过廊。也就是从一个空间进入另一个空间无法直接到达，必须牺牲一部分空间面积作为人在各个空间转换之用。

餐厅篇

餐厅在家居装修中虽然不是重点，但它的地位尤为重要，因为它的功能是不可或缺的。它不仅是人们承载美食的地方，也是一家人团聚交流感情的场所。

Chapter1　餐厅说法

　　餐厅在家居装修中虽然不是重点，但它的地位尤为重要，因为它的功能是不可或缺的。它不仅是人们承载美食的地方，也是一家人团聚交流感情的场所。好的餐厅设计不仅能给人们带来美观的空间享受，更有助于主人的身心健康。置身于一个舒适惬意的环境中就餐，才能创造和体会到真正的美味人生。

Chapter2　餐厅设计原则

　　餐厅的设计除了要与居室的整体设计相协调、风格一致，还应考虑餐厅的实用功能。舒适、美观、便捷是餐厅设计的基本要求。具体有以下几点原则：

1. 空间原则

　　（1）家居空间面积较大的家庭，一般我们可以设计为独立的空间作为餐厅。对于面积有限的空间，在布置上可以与厨房、过厅或客厅连为一体。为进行功能分区，我们可以用以下几种方法进行虚拟空间的划分：

　　a. 在客厅与餐厅间放置屏风，既实用又美观，但需注意屏风形式与家具格调相一致。b. 餐厅的地面材料、色彩、图案和材质与其他区域有所区别，或可将地面抬高，高度以 10cm 为宜。c. 在餐厅区域对天花进行吊顶，亦可局部吊顶并布置射灯，吊顶形式与材料要与空间风格和谐统一。d. 餐桌区域布置灯具，以吊灯为主，以便用灯光形成独立的就餐空间。

　　（2）餐厅位置最好与厨房相邻，避免距离过远，耗费过多的配餐时间。

　　（3）餐厅的净宽不宜小于 2.4m，除了放置餐桌、餐椅外，还应有配置餐边柜、酒柜的地方。面积比较宽敞的餐厅可设置吧台、茶座等，为主人提供一个休闲的空间。

　　（4）如居室餐厅面积较小，可采用在墙面上安装一定面积的镜子，以使我们在视觉上感受到增大空间的效果。

设计 / 陈国强

设计 / 邓晓燕

▲ 本案设置相对独立空间作为餐厅。从地板、墙纸、茶色吊顶、家具均选用统一的棕黄色调，整体空间无处不渗透着简欧风格优雅、舒适的气息。

设计 / 金世纪装饰　戚纹光

▲ 借用吊顶分隔出餐厅的范围，草绿色餐边柜与沙发遥相呼应，这种时尚简约的风格颇受现代年轻人的喜爱。

设计/孙立尧

▲ 分隔空间的手段是利用隔断的半遮挡功能，隔断为抽象树的形态，简约风格与餐厅内吊灯、餐桌、餐椅相呼应。

设计/柯与陈

▲ 利用局部墙面与天花连成一体的造型，并利用发光灯带，形成虚拟的就餐空间，使狭小的空间更为生动、丰富。

设计/刘　东

设计/黄　林

设计/康　宁

设计/莫水明

▲ 将餐厅与客厅相连接的区域用吧台的形式分隔，既可使空间通透敞亮亦可营造空间风格。

设计/铭城印象

2. 材料原则

所选餐厅装饰材料在花色图案上与室内的环境和格调相协调。还应有耐磨、易清洗的特性。并要从主人的爱好、品位、经济状况等方面考虑。

设计/周 周

设计/沈阳方林 刘广智

▲ 高贵、奢华的感觉，通过密度板网状镂空刷白隔断体现得淋漓尽致。

▲ 灰镜在这个餐厅空间起到了画龙点睛的作用，加上灯具的呼应，使餐厅格外的明亮。

设计/杨 飞

设计 / 查裕高

设计 / 黎世红

设计 / 柯与陈

▲ 大面积的白色乳胶漆与深邃的黑色压花玻璃相互交融，素雅中不 ▲ 白色与深褐色的搭配，玻璃材料的交叉感觉，使餐厅统一、和谐。
失对于时尚的追求。

设计 / 石家庄尚·品设计工作室

设计 / 樊海鑫

◄ 拼花地砖与圆形石膏板吊顶及圆形餐桌相呼应，体现出奢华、高贵与主人的
品位。

3. 照明原则

　　餐厅的灯光照明可以突出餐厅的特色、氛围。除了整体照明外，还应有局部照明，照明的重点区域是餐桌。其灯光以暖色光为主，色调柔和、宁静，有足够的亮度，不但能够使人清楚地看到食物，而且能够感受到用餐的温暖和谐气氛。

设计/付艳超

▲ 餐厅中无自然光直接照射，但天花射灯的合理布局作为直接照明将照亮整个空间，餐桌上方的吊灯亦可照亮整个用餐区域。

设计/龙舟装饰

▲ 自然光与人工照明的完美结合，使空间光线丰富，具有一定的层次感。

设计/柯与陈

设计/汪桃

设计/戚龙

▲ 餐厅中天花吊顶内的发光灯带与墙面中长方形镜子的发光灯带以及餐桌上方圆形吊灯将整个空间照亮，彰显出空间的温馨浪漫感觉。

设计/易 俗

设计/郑钊杰

设计/欧高斌

设计/易 俗

▲ 整体白色的家居，与亮黄色的灯光相互结合，加以镜面反射光线，空间时尚、明亮。

设计/梁醒辉

◀ 餐厅中天花吊顶的发光灯带与餐桌上方圆形吊灯将整个空间照亮，局部运用射灯，使空间灯光层次丰富，浪漫温馨，具有家的归属感。

4. 色彩原则

　　餐厅的色彩就个人爱好和性格不同而差异较大，但总体来讲，餐厅的色彩宜以明亮轻快的色调为好，整体以暖色调为主，以不同明度、纯度的暖色调和部分冷色调进行搭配点缀。这样既可以提高进餐者的兴致，又给人以温馨感。

　　室内色彩，一般遵循上浅下深的原则来处理，顶棚最浅，墙面其次，或者墙面与顶棚同一色系、同一材料。踢脚板和地面最深。这样上轻下重，稳定感好。

设计/王　峰

设计/陈　涛

设计/科宝博洛尼　刘　岩

▲ 整体空间以明黄色为主色调，清爽、洁净。并将一面墙用半隔断装饰，使餐厅气氛温暖和睦。配以特殊造型的座椅，更加简约时尚。

设计/欧高斌

设计/杨　军

设计/余顺弟

设计/张兴红

▲ 女人的闺房中常选用粉红色调、黑白色进行点缀，温馨、暧昧。整体色调统一，用色大胆之余不乏细节。

▲ 本案以白色为主色调，清爽、洁净。并将一面墙用以镜框点缀，使餐厅气氛充满和谐。

设计/杨荷英

设计/杨荷英

▲ 整体色调以深棕色墙面为主，黑白两色搭配，格调雅致，彰显品位。

▲ 黄色的感觉体现出一种舒适，轻松的田园风格，给人一种温馨的餐厅空间感觉。

温馨小贴士

怎样确保良好的餐厅通风条件？

由于餐厅与厨房位置最为接近，所以油烟味道常常会弥漫其中，而穿堂风是室内住宅自然通风形式中最好的办法，同样也是餐厅通风环境中最为行之有效的办法。首先应把与进风口相对位置的窗、门等尽量打开，放在挡风处的大件家具要适当移开，让穿堂风路线畅通无阻。如在靠近风口的侧墙上有窗户的话，则应关闭，以免风吹进屋内后，即斜向成为"交角风"跑掉，无法把杂味带走。当风向改变时，要灵活地利用窗扇来导风。

设计/查裕高

Chapter3 餐厅设计要素

1.灯具

　　餐厅灯具的风格应与整体装修风格相一致，并要考虑到面积及层高等因素。面积大、层高较高的餐厅，可选用较为华丽的灯具，既可以照亮整个空间，又起到了一定的装饰效果。而面积较小、层高较矮的空间，其灯具样式不宜过于烦琐，亦可用筒灯或吸顶灯作为主光源，配合射灯使用。如餐厅在客厅或厨房内一处，还要考虑到与客厅、厨房灯具的关系，不能喧宾夺主。

　　灯具的尺寸要以餐桌的尺寸为依据，其形式亦与餐桌的形状相关，如选用长条形餐桌，桌上灯具可选长形或一字排开的几展吊灯，如吊灯的单个灯具较小，便可将灯具的悬挂高度错落开来，这样便可增加空间的层次感，给人以活泼、韵律的感受。而单盏吊灯就比较适合圆形或方形的餐桌搭配了。

设计 / 陶 胜

▲ 定制的餐厅灯饰与实木餐桌材料相一致，嵌入筒灯照明，外观时尚简洁。利用墙角空间设置实用的搁板并配以射灯光源，同时可作为展示空间，非常富有创意。

设计 / 李 楠

设计 / 金世纪装饰　戚纹光

▲ 一字排开的花形吊灯组合与背景的大花图案互相呼应，创造灵动、活泼的餐厅空间。

设计 / 厦门创家园设计装饰　林耀明

▲ 在餐厅照明中，灯饰就可以得到很好的整体照明，而将沿墙壁的筒灯与位置居中的荧光灯进行组合对餐厅进行整体照明，不仅可以得到均匀的整体照明，还可以加强餐厅装饰墙面的照明。

► 欧式餐厅圆形吊顶将餐厅区域划分出来，铁艺吊灯与客厅卷草图案的壁纸都体现了独特的小资情调。

设计/王　峰

设计/徐　柯

设计/易　俗

◄ 灯饰与装饰镜面纹样统一，并通过镜面反射暖色光源，灯具的风格与室内陈设协调一致，唤醒美味食欲。

设计/戚　龙

▲ 在禅意空间的设计制造上，采用蒿草、原木、竹子、藤、石板、细石等温润之材，不仅能适度地调节气温与湿气，还可和谐人与物之间的关系，透射出朴素、内敛的气息。灯光上采用暖黄低色温反射灯槽，呈现空间的幽玄之美。

设计/王颖彬

2. 家具

餐桌椅是餐厅中的最主要家具，也是影响就餐气氛的关键因素之一。其款式可以根据自己家的居室风格及个人的兴趣爱好而定。而餐桌椅的大小应和空间比例相协调。目前，餐桌的造型有很多种，如方桌、圆桌、折叠桌、不规则桌。不同的造型给人不同的感受，方桌印象规整，圆桌给人以亲切感，折叠桌方便灵活。桌面材料一般来说有天然的木色，有亲近自然的感觉，咖啡色、黑色显得高贵、稳重，金属、玻璃尤为时尚优雅。但要注意避免刺激的颜色。餐厅的用椅，可选配套的，也可单独配置，关键看造型、尺度及舒适度。

餐边柜、酒柜作为餐厅的家具之一，具有不可忽视的作用。作为餐厅焦点的餐边柜，首先要确定其使用目的，是为了收纳，为备餐做准备，其次还要用以营造空间独特的气氛，让它们更好地为用餐时光服务。酒柜有单体式、镶嵌式之分。餐橱的形式可与餐桌、餐椅相配设计，也可独立购置。

设计/祝建深

▲ 厚重大气的实木餐厅家具，搭配花卉植物棉麻布艺，非常的自然且舒适，充分显现出美式乡村风格的朴实风味，气派而且实用。

设计/金世纪装饰 戚纹光

◀ 色彩斑斓的马赛克背景墙下，简约鲜明白色餐椅呈现出积极向上的活力。

设计/厦门创家园设计装饰 林耀明

▲ 功能性强且造型优美的新古典主义家具以其优雅、唯美的姿态，平和而富有内涵的气韵，描绘出居室主人高雅、贵族之身份。

设计/代文强

▲ 黑白搭配的餐椅，具有舒适与美观并存的享受。营造出时尚前卫的意境。

设计 / 龙舟装饰

▲ 使用黑白灰系列家具，独特的光泽使家具倍感时尚，具有舒适与美观并存的享受。在配饰上以简洁的造型、完美的细节，营造出时尚前卫的感觉。

设计 / 黄 林

▲ 这一类家居注重装饰效果的同时，用现代的手法和材质还原古典主义的气质，具备了古典与现代的双重审美效果，将古朴时尚融为一体。

设计 / 张喆赫

设计 / 谢 亮

◀ 酒柜不仅有储藏酒的功能，还兼具装饰和分隔空间的作用。结构丰富的酒柜收纳功能强大，本身的装饰性也很强。

设计 / 孙传财

3. 地面

餐厅是我们经常出入的区域，地面易选表面光洁、耐磨、耐脏、易清洁的材料，如大理石、瓷砖、实木地板或复合地板等。这些材料的花色品种多种多样，使餐厅空间的地面变得丰富多彩。在选择材料时，不仅要看个人的审美标准、个性习惯，还要注重与客厅地面材料的衔接，综合来考虑，以找到适合自己的地面搭配。

设计/程奇山

▲ 黑白相间抛光砖仿佛钢琴键，奏响动听旋律。这里作为过渡空间，区分餐厅与过道。

设计/金世纪装饰 高丽丽

▲ 斜拼仿古防滑地砖层次丰富，烘托出了客厅的古典气息，也提升了客厅的艺术格调。

设计/邓晓燕

▲ 使用方形米黄、浅棕色地砖拼花，与暖黄色的墙纸、茶镜吊顶装饰、家具色调统一，整体空间相协调。

设计/厦门创家园设计装饰 林耀明

设计/金世纪装饰

◀ 优美的卷草纹瓷砖拼花形成层次丰富的同心圆，与精致典雅的餐桌、泛着金色光泽的圆形吊顶完美相结合，仿佛为餐厅谱写一支华尔兹舞曲。整体空间唯美、高贵大气。

设计 / 欧建书

设计 / 王立世

▲ 一般来说，餐厅使用的地毯建议使用好清洗一些的化纤材料，因为餐厅很容易出现油污。若使用生物材质的地毯则不易清洗。

设计 / 回剑波

设计 / 龙 威

▲ 木地板装饰美观、自然，是天然的，其纹理往往能够给人一种回归自然、返璞归真的感觉，质感都独树一帜，脚感舒适，广受人们喜爱。

设计 / 邓海金

◀ 陶红色仿古地砖搭配绛红色家具，展示家居生活的时尚高雅，彰显出不一样的浪漫奢华意境。

4. 天花

　　天花设计的材料多种多样，如大白乳胶漆、金属、镜面或实木。白色乳胶漆可使空间清新素雅。金属和镜面现代时尚，并有增大空间效果的作用。实木温馨浪漫。

　　层高相对较高的餐厅，可做吊顶造型，吊顶的形式应与空间整体风格一致即丰富空间，并有一定的装饰美化效果。现代商品房中，大部分层高在 2.6 ~ 2.8m，吊顶会使空间缩小压抑。如空间中有过梁或延伸的管道，我们可以进行局部吊顶。如顶棚平整，可不做吊顶，用简洁的棚线进行装饰即可。

设计 / 设计年代

设计 / 姜 林

▲ 仅餐桌区域赋予白色简洁吊顶，简单、大气，并用其作为区域划分。

▲ 该设计中圆形的层层吊顶及水晶灯具格外引人注目，增加了空间的光线感，实用更具造型美感。

设计 / 金世纪装饰　马岩华

设计 / 侯予玄

▲ 多层次的吊顶处理丰富室内光源层次，达到良好的照明效果。光、线光、面光相互辉映的光照为整体室内空间增色不少。

设计 / 金世纪装饰 丛启楠

▲ 茶色玻璃吊顶与地面理石拼花构成餐厅的虚拟空间，时尚、华丽之感，加上棕色的水晶吊灯，更是华丽得让人舍不得移开视线。

设计 / 刘希升

设计 / 厦门创家园设计装饰 林耀明

▲ 该设计中圆形的层层吊顶及水晶灯具格外引人注目，结合茶色镜面的感觉，增加了空间的光线感，实用更具造型美感，丰富了空间和材质感。

设计 / 刘 闯

▲ 作为简约风格的餐厅，除了简约的家具及装饰品，最为吸引人们眼球的要数深黑色镜面的天花吊顶了，这种特殊材质的吊顶，根据它反光的特性，既可以体现其时尚感，又起到了增大空间的效果。

该设计中的吊顶及水晶灯具格外引人注目，增加了空间的光线感，整体感觉相互适应，赋予餐厅一种美感，实用更具造型美感。

设计 / 陈建雄

设计 / 李文斌

▲ 木质感与白颜色相交融，给吊顶一种古朴、素雅的感觉，与整个空间相适应。

设计 / 戚 龙

设计 / 欧建书

5. 墙面

营造餐厅墙面的气氛既要美观，也要实用，不可盲目堆砌。墙面材料以乳胶漆最为普遍，并要以一面墙为设计亮点，采用一些特殊的材质来处理，如肌理墙、真实漆、壁纸等，用以玻璃、木饰、镜子来进行局部装饰。有时与天花连为一体。可以更好地烘托出不同的格调氛围，也有助于设计风格的表达。为了有效地利用空间，往往整个墙面用以酒柜的形式来设置。

设计 / 刘希升

▲ 墙面添加了装饰镜面，切割的镜面整体感很强，理石与墙纸的交相呼应，整体很和谐。

设计 / 徐 柯

▲ 用装饰画来装饰墙面，营造餐厅墙面的气氛要美观，整体一种温馨感。

设计 / 陈汉棚

设计 / 梵石设计

▲ 为餐厅所依托的墙面绘画条形状图案细腻精致，灵动的线条使生硬的墙面变得美观、耐看。

设计 / 杨 飞

▲ 在墙面做出了一些造型，显得更加高端和大气，配上颜色壁纸的搭配使用，更加突出效果。

设计 / 余小雅

设计 / 柯与陈

▲ 墙面设计手法新颖，素材多样，在一个空间用多种方式塑造出一个多变的视角。间隔的镜面反光点缀，形成闪耀扑朔的效果。

▲ 餐厅主题墙以不规则折线形式的装饰柜所取代，个性、时尚。而餐桌犹如从柜中生长出来，并得到了无限的延伸。

设计 / 樊海鑫

设计 / 莫水明

设计 / 樊　武

6. 陈设

　　"陈设"可理解为摆设品、装饰品，也可理解为对物品的陈列、摆设布置、装饰。在布置餐厅装饰工艺品时，一定要注意构图章法，要考虑装饰品与餐厅内餐桌、餐边柜与酒柜的关系，以及它与整个空间的格调是否统一，并疏密有致。如何布置，都要细心推敲。

设计/任 伟

设计/李芝强

设计/马 飞

▲ 不言而喻，餐边柜上方的装饰画与陶瓷艺术品在灯光的照射下成为整个用餐空间的视觉中心。可见主人的品位与细节。

▲ 极具文化氛围的空间用以植物造型做装饰，及不规则的相片悬挂墙面，无一不增添了空间的艺术氛围。

设计/王颖彬

设计/朱坤明

▲ 这个空间整体感觉温馨、舒适，很有新意，搭配新颖的灯具、餐具、花卉等效果十分显著。

▲ 餐桌上银色的烛台、玻璃的红酒杯与长方形水晶吊灯呼应，绿植置入其中，自然、清新，如同点睛之笔，跃然纸上。墙面上对称式装饰画，使空间更加秩序平和，内容丰富。

设计/邵 权

设计/柯与陈

设计/石家庄尚·品设计工作室

▲ 该案运用了一些简练的织物纹理曲线，从家具、墙面镜子装饰、门上的纹路等，体现出古朴、大气中不失精致。

设计/王立世

温馨小贴士

怎样选择实木家具还是板式家具？

实木家具采用天然木材制成，纹理清晰自然，材料本身的榫眼结构进行接合，易加工，连接强度大。但天然木材含水率高，因此易发生变形。价格上，原材料的逐渐减少，材料成本不断上升，造价较高。

板式家具中大多为仿真木材的效果，无法达到实木家具自然的效果，且表面较平整，感觉生硬。并使用五金件连接，接触面小，因此连接强度较低。但其成品安装方便，且不易变形、开裂，更好保养。而由于其主要材料为人造板，价格低廉。

所以，实木家具和板式家具各具特色、各有利弊。可根据个人喜好及经济状况来选择。

Chapter4　餐厅装饰风格类举

1. 奢华优雅的欧式格调

　　欧式餐厅适合多人聚餐，所以我们常常选用长条桌或多人圆形桌，注重营造室内优雅的气氛。柔和的灯光、高雅的色彩、怀旧的家具、华丽的线脚、精致的餐具、华丽的灯饰等共同营造出欧式精美奢华的美好氛围。

设计 / 金世纪装饰　马岩华

设计 / 厦门创家园设计装饰　林耀明

▲ 丰富顶面造型，金色的吊顶饰面增强了餐厅的装饰效果。丰富视觉感染力，使顶面处理富有个性，从而体现独特的装饰风格。

设计 / 金世纪装饰　高丽丽

▲ 洁白的石膏吊顶，华丽的水晶吊灯和富丽的家具，欧式风格的奢华感充斥着餐厅的每个角落。

设计 / 罗玉洪

▲ 一幅写意的油画，作为餐厅背景墙的唯一装饰，在自然元素的壁纸墙面上更显唯美。

设计 / 金世纪装饰　张朝亮

▲ 白色酒柜上打着橘黄色的灯光，洁净的桌面搭配欧式花艺陈设，营造了舒适温馨的欧式餐厅。

设计 / 黎 武

▲ 黑色的灯罩与尺度舒适的餐厅家具的边缘互相呼应，整体空间色调偏雅致的米黄色调，给人一种舒适、大气之感。

设计 / 高 明

设计 / 孙传财

▲ 通过吊顶进行镜面处理，利用视觉的误差，使餐厅"变"高，增添奢华感。

设计 / 艺墅设计

▲ 复古色彩的地板与墙面，优美曲线造型的餐椅，在美丽大气的吊灯与优雅的窗帘的衬托下，极具古典的优雅气质。

设计 / 吴 品

设计 / 唯居雅阁装饰 任 伟

2.简约现代的时尚生活

　　随着人们生活节奏的加快、审美观念的改变，以及环保意识的提高，现代简约风格以追求空间简洁、实用为特点而受到现代人的喜爱。而餐厅中的简约，更加注重设计感、舒适感，常常以明朗的色彩、简洁的线条为其设计方向，让家中的餐厅多了几分惬意、和谐。

设计 / 顾忠诚

设计 / 罗 霞

▲ 完美的软装配合，现代风格的餐厅家具的需要，显示出和谐的美感。餐桌布、花艺、植物等陪衬，软装到位是现代风格的关键。

设计 / 熊龙灯

▲ 一个安静、祥和，看上去明朗宽敞舒适的餐厅，可消除工作带来的疲惫，忘却都市的喧闹。这也是现在流行的装修风格之一。

设计 /DOLONG 设计

设计 / 唯居雅阁装饰　黄莹莹

◀黑白灰现代风格的简约不等于简单，它是经过深思熟虑后经过创新得出设计和思路的延展，从造型独特的黑色餐椅到具有个性的灯具，体现了时尚健康的生活方式。

设计/谢路遥

设计/吴献文

▲ 有效地利用过道空间创造了别具个性的餐厅，背景金属装饰点缀雪白的墙面，表达一种强烈的秩序感。搭配绿色植物为衬托，使居室充满惬意、轻松气氛。

▲ 以安静的淡蓝色为主题墙，配以三幅树形现代装饰画组合，这是经典的现代主义风格装饰手法。四盏形态不一的吊灯组合排列悬挂餐桌之上，使得宁静的空间瞬间变得诙谐。

设计/戚 龙

设计/查裕高

设计/欧建书

设计/魏 童

▲ 嵌入式的餐边柜有效地结合了展示台，注重生活品位，简约务实。

▲ 灰色的皮质餐椅与窗帘营造静谧的餐厅气氛，透亮的灯饰也成为这一空间的点睛之笔。

3. 自然田园的用餐气氛

　　自然田园的餐厅风格设计简单，呈现出一种舒适浪漫的自然风情。充满生命力的温馨色彩在自然的家具搭配下，显现出一种别样舒适的感觉。此款风格虽不华丽，但具有朴实、清爽、田园般温馨的家庭用餐气氛。

设计 / 登胜设计

设计 / 导火牛

▲ 这个小型餐厅的亮点就是桌椅的选择，以及绿色的装饰门和窗帘的搭配，结合自然采光，表达出简约、明快、便捷的效果。

设计 / 杜　坤

▲ 该案欧式田园家具含蓄温婉内敛而不张扬，淡蓝色的植物纹样的圆形地毯进一步将餐厅氛围衬托出来，散发着从容淡雅的生活气息。

▲ 厚重的实木餐桌，线条流畅的黑色铁艺桌腿，铁艺展示柜，以及天花的实木线处理，无一不体现出自然田园风格轻松、惬意的特点。

设计 / 导火牛

▲ 以黄绿色调为主，仿古地砖、白色的田园风格的橱柜和门框、简洁的木质餐厅家具，创造自然、朴素的就餐氛围。

设计 / 导火牛

▲ 城堡似的包边拱门设计独具匠心，圆润的原木家具与木地板直观地反映出木纹肌理，绿色的椅垫与室内植物让"回归自然"这个理念得以完美展现。

▲ 发散式的原木装饰吊顶与白色圆形餐桌彼此呼应，墙角鸟笼似的铁艺展示架与墙面的饰品更好地营造了自然田园气息。

▲ 碎花纹样是自然田园风格的主要元素之一。布艺碎花图案是根据整体风格和色调来选定的，一般选择以花草为主，体现出乡村的自然感。

▲ 古典实木雕刻风扇灯不仅可以照明，也可以用来扇风，并且有很好的装饰作用。红砖墙与拱门的结合丰富空间透视的层次。

4. 雅致复古的中式风格

在西方设计界流传着一个观点："没有中国元素，就没有贵气。"中式风格的魅力可见非比寻常。复古中式餐厅中，墙面、天花、隔断、餐桌椅等都要精雕细琢，造型考究，并具有古朴深沉的气息，拥有大家风范。而雅致现代的中式，没有过去的繁杂，木线条更为简练，质感良好，再配以古色古香的配饰，自然、和谐。

设计/程奇山

设计/龙舟装饰

设计/兰海亮

▲ 餐厅墙面做成方格中式的传统图案，非常富有立体感和装饰性。

▲ 该案用隔窗、屏风来分隔空间，实木做出结实的框架体现了中式风格在空间上讲究层次的特点。餐厅主题墙用透景的形式将国画定格，青砖砌起来的酒柜独具文化韵味的风格，更显主人的品位与尊贵。

设计/张喆赫

◀ 窗棂结构的元素被装饰到餐厅天花中，中式家具散发古雅而清新的魅力。将具有代表传统文化的陶艺、国画融入餐厅空间里，总会令人赏心悦目，品位悠长。

设计/尚方·同创装饰工作室　余　游

设计/王智杰

▲ 采用以餐桌的中线为对称轴的对称式手法，将经典的"中国红"作为空间主打色调，运用在中式吊灯与舒适厚重的沙发式餐椅上，庄重大气，尽显其内涵。

设计/马　飞

设计/杨璐帆

设计/刘　勇

5. 个性浓浓的混搭情节

混搭风格可以更好地活跃空间。而餐厅中的混搭主要体现在对于餐桌、餐具以及其他风格装饰品的运用，多种风格的搭配不仅会使整个空间的风格变得多元，也会使用餐气氛变得生动许多。

▶ 西方的异域风格家具混搭民族风桌布、现代风格灯具，别有一番生活的趣味。

设计 / 导火牛

设计 / 导火牛

▲ 欧式乡村风格的餐厅，新古典主义的展示柜，这种混搭在暖黄色的墙面统一下非常的和谐，糅合美学精华元素，这是设计师对家居装饰的准确理解，是一个提高与升华的过程。

设计 / 代文强

▲ 雅致的美式田园风格餐厅结合中式雕花隔断，将东西方文化、古今文化内涵完美地结合于一体，充分利用空间形式与材料，创造出个性化的家居环境。

设计 / 金世纪装饰　鲁倍宁

设计 / 于海涛

设计 / 王颖彬

设计 / 刘 东

设计 / 戚 龙

◀ 在现代的中式装饰风格的住宅中，将具有西方工业设计的板式家具与中式风格的家具搭配使用，不仅反映出现代人追求简单生活的居住要求，更迎合了中式家居追求内敛、质朴的设计风格，使中式风格更加实用、更富现代感。

▲ 酒柜和门提取传统中式的"形"，搭配灰色的现代风格餐厅家具，简约现代与中式元素的结合，体现传统与现代交融之美。

设计 / 陈 斌

设计 / 柯与陈

▲ 餐厅中以简约的西式家具和灯具为主角，大胆地设计了巨幅梅花国画为主题墙，"中西结合"的效果使中西文化完美融合。

▲ 混搭并不是元素的堆砌，而是通过对传统文化的理解和提炼，将现代元素与传统元素相结合，以现代人的审美需求来打造富有传统韵味的空间，让传统艺术在当今社会得以体现。

6. 蔚蓝浪漫的地中海故事

地中海风格餐厅是将海洋元素应用到装修设计中，造型上，广泛运用拱门与半拱门，给人延伸般的透视感。色彩上，以蓝色、白色、黄色为主色调，看起来明亮悦目。材质上，一般选用自然的原木、天然的石材等，并用贝壳、鹅卵石等进行装饰，用来营造浪漫自然的用餐氛围。

▲ 拱形门体现了地中海风格的建筑特色，黄绿色调使人感到自然、清新。

▲ 蓝与白是地中海风格的典型搭配，蓝色扇叶和白色灯具组合而成的风扇灯装饰着餐厅天花，蓝白细格子桌布、条纹靠枕的软装，墙角看似随意而做的拱形壁炉都透出地中海风格的自由、浪漫气息。

▲ 线条简单且修边浑圆的木质餐厅家具具有鲜明的风格特征，土黄墙面与红色家具的搭配带来一种大地般的浩瀚感觉，十分亲切。

设计 / 易 俗

设计 / 吴献文

▲ 马赛克镶嵌拼贴在拱门上作为地中海风格中华丽的装饰。

设计 / 梵石设计

▲ 在餐厅主题墙上做出嵌入式的拱门，并放置搁板，丰富餐厅的空间。蓝白、红白相间的条纹图案抱枕也是这个餐厅体现地中海风格的要素。绿色盆栽为餐厅增添了许多生机。

设计 / 梵石设计

设计 / 郭长周

设计 / 郭长周

◀ 整体空间的蓝白色来自地中海最纯美的色彩组合，其简洁、自然的装饰线条，展示它不拘小节的豪迈奔放。

卧室篇

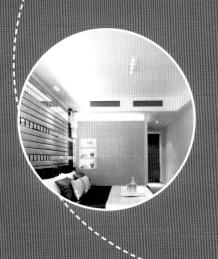

用于睡眠休息的场所我们称之为卧室，又被称作卧房、睡房。在功能上，卧室一方面要满足休息和睡眠，另一方面，它必须合乎休闲、工作、梳妆及卫生保健等综合要求。

Chapter5　卧室说法

用于睡眠休息的场所我们称之为卧室，又被称作卧房、睡房。在功能上，卧室一方面要满足休息和睡眠，另一方面，它必须合乎休闲、工作、梳妆及卫生保健等综合要求。卧室是人们停留休息时间最长的地方，也是最能体现情调的私密地方，所以它要求具有高度的舒适性、安宁感。

Chapter6　卧室设计原则

卧室在人们生活中的位置是众所周知的，它是人们身体以及心灵可以得到最好的休息和独处的空间，它应具有安静、温馨的特征。从空间布置、选材、色彩搭配、室内灯光布局到家具的摆设都要经过精心设计。按个人年龄不同，卧室装修的风格也就有所区别，这一点是不容忽视的。

在卧室设计的审美上，设计师要追求时尚而不浮躁、庄重典雅而不乏轻松浪漫的感觉。因此，设计师在卧室的设计上，会更多地运用丰富的表现手法，使卧室看似简单，实则韵味无穷。

1. 空间原则

在家居的整体布局上，卧室的面积要恰到好处，一般面积为 12 ～ 30m² 比较合适。较大面积的卧室空间应考虑虚拟区域的划分，并形成睡眠独立区域。卧室相对客厅来说是静态空间，最好能与公共空间区分开来，不受其他空间活动的干扰，满足舒适性和私密性。另外，卧室应直接采光和自然通风。

卧室除了必要的空间、尺度合适的家具、色调和谐的环境、适宜的摆设外，卧室的布置应注意以下几个问题：

（1）睡眠区

睡眠区应有睡床、床头柜或床头几。床的位置最为重要，床头不可在窗下或在门窗之间，以免晚上受凉。如果把床安置在正对窗子的地方，清晨的阳光会一早把你照醒，特别是面对东方的窗户。双人床的位置，为避免下床不便，一般来说，应注意在两侧留下行走的空间，床的周围至少有 40 ～ 76cm 的空间，是较为合理的。

床头柜可安置于床头两侧，其主要功能是摆放和贮藏，通常都会装有局部照明设备及电源开关，以便床头阅读。

（2）阅读休息区

卧室中的阅读休闲区常常放置座椅及茶几，座椅最好选用软质沙发、摇椅、躺椅等舒适的质料与椅型，充分达到休息的目的。如果空间太小，没有地方放置座椅，则可以利用坐垫、靠垫等软垫就地或倚墙面而坐。再不然，可以沿床沿伸出一层高起的复式地板，形成一个休闲睡眠结合的虚拟区域，这也是个简便的休憩处。

家中没有书房时，卧室的休息区是比较适合阅读、研究、写作的场所。配合阅读需要的设备，有书桌、椅子、书架或书柜，以及良好的照明设备。桌椅的选择宜配置形式小巧的，以衬托出卧室的舒适气氛。常常可以看到利用其他家居的延伸物作为卧室的书桌，还有延展床头柜、延展梳妆台、延展嵌入式壁柜等。这些都可以节省空间，营造出卧室设计的整体性。

（3）梳妆区

梳妆活动应包括美容和更衣两部分，这两部分的活动可分为组合式和分离式两种形式。一般以美容为中心的都以梳妆为主要目的，可按照空间情况及个人喜好分别采用活动式、组合式或嵌入式的梳妆家居形式。从效果看，后两者不仅可以节省空间，且有助于增进整个房间的统一感。更衣亦是卧室活动的组成部分，在居住条件允许的情况下，可设置独立的更衣区，或与美容区相结合形成一个和谐的空间。在空间受限制时，亦应在适宜的位置上设立简单的更衣区域。

（4）贮物区

贮物区主要由衣柜、壁柜或组合柜组成。一般嵌入式的壁柜系统较为理想，这样有利于加强卧室的储藏功能，并可根据需要，设置容量与功能较为完善的其他形式的储藏家具。衣柜一般摆放在床头所靠近的一面墙处，有时也可独立摆放，用于分隔空间，形成独立的虚拟区域。

设计 / 朱国庆

◀ 弧形的阳台设计，为主人营造一种温暖、舒适的休息娱乐空间。阳光透过圆弧窗户，温暖整个房间。

设计 / 刘 闯

设计 / 王晓明

设计 / 常 宁

▲ 灵动且富有节奏的墙面，别致的相框墙设计。充分利用小空间，将床和工作桌同时安排在一个空间。

设计 / 何朝霞

设计 / 王继军

设计 / 谢 亮

▲ 整齐的照片墙、简单的吊顶设计。一扇隔断门，将休息区和化妆台分隔。

▲ 深浅变化的地板纹理，与房间内的主要色调相互呼应。一面隔墙将一个房间划分为两个相对独立的小空间。

设计 / 卓 天

设计 / 姚国欣

2. 材料原则

卧室是人们经过一天紧张的工作后最好的休息和独处的空间，它应具有安静、温馨的特征。因此在材料上应选择吸音性、隔音性、保温性好且安全无毒、环保耐用、有效节能的技术和材料。其次才是装饰效果。

（1）电路材料

电线，最主要的是中央的铜导线。劣质铜导线，铜芯是再生铜，含有许多杂质，导电性能差，极易引起电气事故。高质量的铜导线，铜芯选用高纯度的精红紫铜制成，外层光亮而稍软。

（2）PVC管

布电线时，要将电线穿于线管中。穿线管应用阻燃的PVC线管，壁厚要求达到手指用劲捏不破的强度。PVC管口径大小一般有4分和6分两种。

（3）插座开关面板

面板的尺寸应与预埋的接线盒尺寸一致，面板材料应有阻燃性和坚固性。面板表面光洁，弹簧手感适中，插座稳固。安全插座插孔中有两片自动滑片，插头插入时，滑片向两边滑开，露出插孔，拔出插头，堵住插孔。

（4）门窗

铝合金门窗具有外观敞亮、耐腐蚀性强、抗弯强度较高等特点。塑钢门窗耐用、不腐朽、噪音小，是目前市场上流行的一种门窗。木材门窗，分为实木和夹板材。实木门窗大都做工精细、尊贵典雅、隔音好、色泽自然，常常受到人们厚爱。夹板门中间为轻型骨架，两面贴胶合板、纤维板等薄板。

（5）木器漆、乳胶漆

木器漆主要用于木制品的涂刷工作，通常使用的有两种：清漆和白面漆。清漆刷涂后显示面板木纹颜色；而白面漆则是遮住木纹颜色，显白色，白面漆中可以加色浆，调为各种颜色。

乳胶漆主要用于墙面装饰作用。有底漆和面漆之分，缺一不可。底漆刷一遍，面漆刷两遍。

（6）壁纸

壁纸分纸造壁纸和纺织壁纸，其最大优点是色彩、图案和质感变化无穷，远比涂料丰富，且施工方便快捷。一般一卷壁纸长度为10m，宽为0.53m，面积为5.3m^2。壁纸的图案繁多，竖条纹图案可增加居室高度；大花朵图案降低居室拘束感；细小规律图案增添居室秩序感。

（7）木地板

木地板分为实木地板、复合地板和实木复合地板。实木地板高贵典雅，具有花纹自然、脚感好、不产生静电的特点。但受天气湿度影响较大，应做防潮处理，板面怕火怕刮。复合地板型号花纹较多，并且经济实惠，但质感硬，整体舒适感较差。实木复合地板介于实木地板与复合地板之间，结合两者优点，它具有实木地板的自然纹理和质感，又具有复合地板的抗变形、容易清理等优点。

设计/姚辉

▲ 屋内色调以黑色为主，床头采用皮质材料，彰显主人高端的生活品质。

设计/魏庆喜

▲ 卧室采用嵌入式的方法放置电视，与厕所间有通透的玻璃阻隔，屋内明亮且宽敞。

设计/孙传财

▲ 采用深色茶镜和软包的结合，呈现大气与时尚，并且不过时、不烦琐。利用干净利落的手法打造出一个时尚的家。

设计/杨飞

设计/杜先帅

设计/刘玉河

◄ 别致的吊顶设计，暖黄的灯光，色调和谐的欧式家具，精致的水晶吊灯，软包和茶色玻璃结合的墙面，彰显着主人高贵的身份。

设计/欧建书

► 室内设计风格为古典欧式风格。精致的暗蓝色背景墙，配以淡紫色床头，与房间内家具的深棕色的木材相互映衬。

设计/刘晓峰

设计/戚 龙

3. 照明原则

光线是装饰陈设的重要手段，同时光线作为这种手段也正在被广泛地运用到实际的室内装饰中。一个好的室内照明设计，能强化空间的表现力，增强室内的艺术效果，使人对于环境产生亲切感、舒适感。

卧室中以自然光线为主，会给人以舒畅明亮的感觉，同时，户外光源随时间的推移也增添了空间中宁静典雅的气氛。自然光源的变化，主要以窗帘来调节，取纱帘来掩饰，会使光线变得委婉柔和；而透过织布帘的光则微幽静谧，而选用竖条亚麻百叶帘，在阳光的照射下室内会产生条条影子，百叶窗的色彩会让室内产生诗情画意的效果。但是自然光源不会持之以恒，会随时辰的改变而有强有弱，因此，即使是在白天，有时也需要人工照明作辅助。

人工照明以晚间为主，通常在正中顶灯与墙面壁灯作基本光源，顶部四周及其他光起辅助作用。一些局部需要特殊照明的，可采取局部用台灯及吊挂伸缩灯等加强照明，以烘托主体增强空间的深度与光色层次。与此同时，应考虑房间的隔热处理及通风设施，使之更感清晰爽爽。

设计 / 导火牛

◀ 古典欧式的家具，配以欧式装饰性壁纸，弧形的窗户能更好地享受到阳光。

设计 / 邵 权

▲ 屋内整体色调以木色为主，浅色的墙面，深棕色的床上用品，与主色调统一的落地窗帘，室内设计简约而不简单。

设计 / 沈阳实创装饰

▲ 独特的木质坡形房顶，造型酷似风扇的灯具，砖红色的背景墙与深色系的框架床搭配得相得益彰。充分地利用所剩空间放置休息的皮质沙发。

设计 / 设计年代

◀ 卧室直通宽敞明亮的阳台，阳台上搁置休息的桌椅，可观赏外面优美的风景。屋内简约的家具，亮丽的软包，双层的窗帘，都展示着主人高雅的品位。

设计/敖陈记

设计/彭彪

设计/邹云

设计/谢小龙

设计/金世纪装饰 王烈

▲ 墙纸、软包、家具等多运用干净的白色或浅黄色，唯有床上用品和窗帘使用紫红色压重。整体设计有一种梦幻浪漫的感觉。

4. 色彩原则

现代住宅十分重视色彩的生理功效、情感作用和艺术感染力。卧室色彩要经过精心配置。目前，卧室用色趋向多样化，配置时要根据居住者的性格、年龄和爱好，创造富有特色的色彩环境。一般利用传统材料的天然色彩来配置质朴温馨的色调；运用现代化新型材料的鲜艳纯色来点缀明快、强烈、斑斓的色调；也有采用白色和各种中性灰形成的柔和悦目的色调。无论是哪种色调，都要十分注意把握墙面、天棚、地面、大体量家具等所构成的卧室色彩基调的统一性，避免色彩的紊乱。同时也要注意处理好基调色与重点色，背景色与物体色的关系，精心推敲主体家具与墙壁背景、室内纺织品、陈设品的陪衬和对比，充分发挥色彩的功效性、情感因素。

设计 / 导火牛

▲ 大红、深红、深蓝色的混色窗帘运用在床头作为装饰，新颖的设计在屋内成了亮丽的风景。

设计 / 张 君

▲ 淡绿色花纹壁纸，搭配纯白色家具，蓝色渐变条纹床上用品，尽显屋内清新淡雅之感。

设计 / 导火牛

▲ 薄荷绿的墙面，亮丽的红色窗帘，简单的铁床，红白小方块的隔挡墙分隔出休息和洗漱区域，合理地利用小空间。

设计 / 刘希升

▲ 黄色的条形壁纸，浅木色的地板，个性的床头柜，紫红色的灯具作为整个空间的点缀。

设计 / 金世纪装饰 康 慨

▲ 黑白渐变的条纹地毯，黑色的相框与之相呼应。简单的黑白组合，时尚、大方的设计风格，是永恒的经典。

◀ 木质墙面装饰板搭配米色的墙纸，实木材质的床体和家具，木色的地板，给人一种安静、沉稳的感觉。

设计/常 宁

设计/袁 野

▲ 田园花型的墙纸和窗帘，木质的床体及家具，木色的地板，营造了一种恬静的生活氛围。

设计/戚 龙

▲ 落地长窗使整个屋内充满阳光，窗台旁放置座椅，可作为休闲区。

设计/孟红光

▲ 蓝色花纹的墙纸和吊棚，搭配蓝色家具，营造出清新的室内风格。

设计/王 鹏

▲ 造型独特的衣柜，淡色的暗花墙纸，别致的软包床头，在有限的空间内营造了一种高雅的氛围。

5. 软装原则

卧室的布置讲究色调温馨柔和，使人有舒适感和放松感。家具及配套装饰不宜繁复，要体现整洁舒雅的整体气氛。家具的款式和造型要新颖别致、富有诗意，并与家装整体风格保持一致。这样就可以营造出风格清新、简洁的效果。

设计/马 巍

▲ 粉蓝色和草绿色搭配的床饰，纯白色的纱帘，搭配白色的梳妆台，一种梦幻般的感觉，适合女孩使用的房间。

设计/朱国庆

▲ 四面墙用花纹不同的墙纸，墙纸主要色调和家具的颜色相近。床头设有纱帘，别致又新颖。窗台作为一个休息的平台，充分利用空间。

设计/代文强

▲ 浅黄色的壁纸，配以黄色软包床体以及床上用品。独特的衣柜造型，新颖的背景墙设计。背景墙玻璃装饰着同台灯相同的花纹。

设计/付艳超

设计/康宁

设计/任 伟

设计/孙立尧

▲ 条形背景墙设计，搭配软包皮质床。上抬式的休息区，深蓝色的窗帘，单纯、整洁、素雅。

▲ 欧式风格的家具，欧式花纹的床上用品，以及紫色的墙纸，创造出雍容华贵的卧室。

设计/鞠成巍

◀ 电视背景墙设置多层摆架，皮质的家具，整体空间显得沉稳、大气。

温馨小贴士

卧室窗帘色彩的选配

因为卧室为私密的空间，所以窗帘颜色偏暖为好，给人以温馨舒适的感觉。窗帘的颜色应与墙面颜色尽量接近，如果是大落地窗，大到可以遮掉整个墙面，它的色彩应成为卧室的主色调，房间内其他的织物色彩都要与之相呼应，以形成完整的格调。窗帘的颜色还要同家具的颜色相配合。如卧室家具的颜色是深色的，窗帘的颜色就不能选太深，否则会使人感到沉闷，不宽敞。

挂镜与踢脚线颜色的选配

有些房间墙面还采用挂镜线、踢脚线进行装饰，挂镜线用色应以深色为主，一般采用栗红、深棕、枣红、紫红等色，以形成墙面和墙顶色彩深浅分明，使整个房间线条、轮廓清晰。踢脚线的颜色也应以深色为主，一般与挂镜线颜色相同，或与木墙裙颜色相同。

设计/科宝博洛尼 刘 岩

Chapter7 卧室分类专述

在一个家庭中，由于家庭成员年龄的不同，使卧室的布置与装饰也不尽相同，如主卧一般空间较大，装修时要着重得体；老人房、儿童房、男孩女孩卧室布置都各有其不同的特点。

1. 主人房

主卧在设计中要最大限度地提高舒适度和私密性，体现情调。在材质上，我们常用清爽、隔音和较柔软的材料；在色彩上，则表现出其简洁、淡雅温馨的色系为好。主人房的面积尽可能大一些，并设置卫生间、更衣室等功能区域。

设计/李 欢

▲ 欧式风格的家具，欧式纹理的壁纸，搭配着主人的办公桌椅，屋内环境温馨、大气。

设计/厦门创家园设计装饰 林耀明

▲ 黄绿相间的背景墙，宽敞明亮的休息区域，功能齐全，既有化妆台，又有休息的沙发，尽显主人高贵的身份。

设计/林文通

▲ 紫色的床上用品及软包床头，配以金色的软包壁纸，雍容华贵的装饰风格。有阳台可以供主人休息，观赏风景。

设计/刘青清

▲ 部分软包和暗花的玻璃设计，搭配欧式风格家具，环境丰富但不烦琐，尽显奢华的室内设计。

▲ 特殊的圆拱形背景墙玻璃设计，摆放古典欧式家具，双层吊棚天花，整体空间显得沉稳、大气。

▲ 金色的欧式床体，搭配橘色的亮丽背景墙，悬挂有品位的画作，显示主人高雅的品位和高贵的身份。

▲ 屋内整体色调以米色为主，米色暗花的装饰墙，深米色的家具，以及深棕色的地板。同一色系的丰富利用，是整个屋子最大的亮点。

▲ 方形长窗是主人休息观望的好去处。淡雅的花纹壁纸，搭配深色的家具，深浅对比协调，美观、大方。

▲ 金色花纹的壁纸，紫色软包的床体，集合壁纸和床体颜色的条形纱帘。给人一种高贵典雅的视觉体验。

▲ 独特的淡黄色背景墙设计，造型别致的木质床体，金色的窗帘设计，使屋内有种梦幻般的感觉。

2. 儿童房

儿童房是孩子的卧室、起居室和游戏空间，应增添有利于孩子观察、思考、游戏的成分，这样能够提高自己的动手能力，启迪智慧。针对儿童的性格和心理特点，设计基调应该是简洁明快、新鲜活泼、富于想象的童话式意境。在孩子居室装饰品方面，要注意选择一些富有创意和教育意义的多功能产品。

设计 / 星火设计

设计 / 星火设计

▲ 整体色调以粉色为主，红色加以点缀，瓢虫形状的地毯，采用明亮的大窗户设计，屋内摆设等适合女孩居住。

▲ 黄、绿色相间的上下床设计，铅笔造型的衣架，像天空一样的浅蓝色墙面，给孩子丰富的想象空间。

设计 / 星火设计

设计 / 星火设计

▲ 深蓝色的壁纸，仙人掌造型的衣架，独特的上下床，激发孩子创意的灵感，适用于各种年龄的孩子。

▲ 屋内摆设色调主要以天空蓝为主，粉蓝色的壁纸，深蓝色独特造型的书架。蓝色中搭配些许黄色和绿色，跳跃且活泼，适合男孩子使用。

设计 / 吴文进

◀ 孩子学习桌的前面设计为以海洋生物为主，床饰也与海洋有关。适合男孩使用。

◀ 全屋整体色调为绿色。不仅对身体有益，也能激发孩子对大自然的热爱。黄绿相间的地毯为房间增加一丝活力。

设计 / 星火设计

设计 / 星火设计

设计 / 星火设计

▲ 蓝粉色的上下床，浅绿色的花纹墙纸，可爱图案的窗帘，都给孩子提供了一个玩耍的优美环境。

▲ 蓝色太空元素窗帘和床上用品，培养孩子对太空科技的兴趣。浅绿色的墙纸，绿色健康，有益孩子保护眼睛。

设计 / 星火设计

设计 / 星火设计

▲ 红色墙面搭配圆圈装饰，灵动活泼的设计，给女孩子的房间增加一些灵气。花朵元素的窗帘盒，有着可爱甜美的感觉。

▲ 屋内墙面为海蓝色，给孩子一种置身海洋的美好感受。在床头及书架设计上加入点点绿色，具有浓浓的生活氛围。

3. 青年房

青年房的布置要注意个性化，要着力营造一个良好的生活学习环境。男孩房的设计应体现刚强、个性活泼的感觉；造型简单、现代，无须过多装饰。女孩房则温馨浪漫，色彩上雅致、灵秀，形状上可以以弧线或曲线来表现。

设计/贾 元

▲ 简单的家具摆设，淡雅的背景墙，宽敞明亮的窗户，有一种恬静的美感。

设计/邵 权

◀ 棕色为室内的主要色调，简单的家具摆设，单独将窗户作为休息娱乐的地方。整体环境稳重、大气、宽敞。

设计/杨静平

▲ 造型别致的墙面设计，品位独特的画作，屋内陈设素雅、大气。是成功人士较为喜好的设计。

设计/杨静平

▲ 浪漫的粉色壁纸，搭配木色的家具，梦幻般的墙面设计，有种甜美的感觉。新婚的夫妻适宜居住。

设计/郑钊杰

◀ 独特的床体造型，将床头柜包围，渐变的茶色条形墙面，搭配温暖的灯光，给人一种高贵典雅的视觉体验。

设计/陈毛豪

◀ 屋内整体色调为浅木色。悬挂式的衣柜合理地节省了空间，既可作为台灯又可作为书架。是一个实用性强的房间。

设计/唯居雅阁装饰 任 伟

▲ 欧式装饰墙面设计，简单舒适的座椅，软包皮质床头，给人一种精致的生活感受。

设计/查裕高

▲ 部分软包和玻璃相结合，色调协调的画作，深色系木质家具，淡黄色墙面，深浅统一、和谐。

设计/陈毛豪

▶ 欧式风格的家具，深棕色的软包背景墙是整个屋内的亮点，在空余空间摆放休息椅，使房间合理地利用。

4. 老人房

老年人的卧室设计要符合老年人的生理、心理及健康的需要，形成一种舒适安逸、稳定的环境。在材料的选择上应选择隔音效果好，防滑、安全无毒的装饰材料。墙面装饰素雅沉稳，色彩古朴而宁静。可在卧室内放置些书画或自己喜欢的饰品来增加生活情趣。

设计 / 赵　广

▲ 宽敞的休息阳台，给老人不一样的视觉体验。屋内的绿植有益老人的身体健康，适宜老年人生活。

设计 / 姚　佩

▲ 淡雅的花纹墙纸，深色的木质床体，朴素的格子窗帘，适宜老年人居住。

设计 / 张海峰

▲ 设计独特的背景墙，淡黄色的墙面，木质的欧式家具，适宜有身份的、品位高雅的退休高干老人。

设计 / 刘希升

设计 / 老　鬼

设计/泉港华田装饰设计室

◀ 简单的墙面设计，屋内摆放着米色的家具，一种干净、明亮的氛围。

设计/小 张

▲ 窗台旁边放置桌椅，老人可以在阳光充足的时候，享受着温暖的阳光，惬意地聊天。

设计/刘青清

▲ 欧式花纹墙面，简单的吊棚，舒适的沙发椅放置在阳台，舒适贴心。

设计/兰海亮

▲ 深色木质的衣柜，淡黄色花纹墙纸，规则的相框摆放，这种设计适合生活简单的老人。

设计/柯与陈

5. 客人房

　　客房的功能主要是供客人休息，陈设相对简单，满足基本生活功能即可。色彩以暖色调为主，显得平易近人、宾至如归的感觉。家具简单、小巧，色调统一。

◀ 作为客卧，没有过多的装饰，色调鲜艳，搭配白色蕾丝窗帘，给人一种温馨亲切的感受，让客人有宾至如归的愉快体验。

设计/沈阳实创装饰

设计/杜　坤

▲ 此客房墙壁壁纸与窗帘花纹一致，整体空间富有连贯性、统一性，设计大胆，空间感受活跃，与稳重的家具相互平衡。

设计/导火牛

▲ 空间色彩搭配上很有质感，家具造型古朴又有设计感，温馨舒适。原木色的家具与稳重的格纹壁纸相互搭配，很好地突出了华丽鲜艳的床单，让人视觉有了亮点，淡淡的复古感受。

▶ 软装搭配十分清新，白色的家具造型简单、线条流畅，让房间的光线很明亮，作为客卧风格活泼而明快。

设计/罗　霞

设计/朱国庆

设计/金世纪装饰 王 烈

温馨小贴士

卧室空间配多大的床合适?

　　根据卧室的面积选择床的大小不失为一个好办法。床的面积对卧室整体效果的影响至关重要,最好不要超过卧室面积的 1/2,而理想的比例应该是 1/3。一般 10m² 以下的卧室适宜使用 1.2m 以下的床,10 ~ 20m² 的卧室适宜使用 1.5m 的床,20m² 以上的卧室适宜使用 1.8m 以上的床。而根据需求不同,配备不同宽度的床,建议:单人房:1.5m×2m 床;双人房:1.8m×2m 床;儿童房:1.2m×2m 床。床的大小和位置确定之后,便于摆放其他卧室家具,也给卧室的装饰与布置带来更多可供发挥的空间。

儿童房家具的尺度设计

　　根据人体工程学原理,为了孩子的舒适方便并有益于身体健康,在为孩子选择家具时,应充分考虑到孩子的年龄及体型特征。写字台前的椅子最好能调节高度,如果儿童长期使用高矮不合适的椅子,就会造成驼背、近视,影响发育。而组合柜的设计,要注意多功能及合理性,柜体下方宜做成玩具柜或书桌,上部宜为书柜或装饰空间。在房间的整体布局上,家具要少而精,并尽量靠墙摆放,要注意安全、合理,要设法给孩子留下一块活动的空间。孩子们的学习用具和玩具最好放在开放的架子上,便于随时拿取。

设计/魏戬

▲ 灰白色调的整体风格优雅内敛,配饰讲究提升房间质感。墙壁处理简洁而不简单,搭配浅色调地板,让客人感觉洁净舒适,平易近人。

设计/柯与陈

▲ 这两幅作品都以木材质为主要设计元素,一个复古奢华,一个简约自然。木色的深浅直接为空间感受定下基调,同时软装配饰也十分重要,不同的颜色、质感给人带来截然不同的空间体验。

Chapter8 卧室设计要素

1.地面

　　卧室中的地面装饰应和整个房间的装饰协调统一，取长补短，衬托气氛。而地面材料的选择应质地柔软、吸声性能好，使房间显得安静温暖。有时地面、墙面、天花融为一体，形式新颖，简洁大方。

设计/梁青山

设计/邹　云

▲ 暖色调的原木地板拼花，在视觉上呈现不同色彩拼接的图案，不仅个性时尚，而且让卧室显得开阔干净，丰富了室内的视觉感受。

设计/谢路遥

◀ 灰色调的拼花地板，与整个卧室的风格相称，搭配白色暗花地毯，与床饰等装饰品色调统一，为卧室营造出一个时尚、低调奢华的氛围。

设计/黎　武

◀ 卧室整体风格宁静、淡雅，搭配米白色拼花大理石，让屋子更显明亮宽敞，配合地毯使地面不显单调，多了几分典雅的氛围。

设计/杨 军

设计/陈毛豪

设计/高 明

设计/陈国强

设计/陈毛豪

▲ 大面积深色地板的拼接，与整体风格搭配，长条的地板很好地营造出宽敞流畅的室内观感，木纹清晰，自然韵味浓郁，非常符合整体风格和色调。

▲ 整体的木色地板让卧室变得很温暖，暖色的灯光照映下来让地板也变成暖黄色，不会显得沉闷，让屋子格外明艳。地板的纹理清晰自然，给人很强的舒适感。

2. 天花

　　卧室中天花板的装修,层高低于 2.5m 则不利于吊顶,但可采用安装棚线或局部吊顶等方式。吊顶的形式有:轻钢龙骨石膏板天花、木龙骨石膏板天花、矿棉板天花、彩绘玻璃天花等。天花板的形式与材料应考虑到地面与墙面的和谐统一。

▶ 白色的天花板辅以深咖啡色的木条装饰,与整个屋子的氛围相得益彰,与整个床体的色调相吻合,使人仿佛置身于大自然当中。

▲ 充满浪漫气息的纱幔吊顶,烘托了整个屋子的温馨气氛。白色 LED 光带使整个屋子显得现代时尚。

设计/吴 巍

设计/柯与陈

设计/戚 龙

▲ 白色的天花板未加任何色彩，只是单纯地在形式上加了些线脚，卧室的整体有一种欧式的低调、奢华，天花的细节与整体的设计感相符，纯白的天花更与地板相互呼应。

设计/尚道林

设计/卓 天

▲ 天花的样式与整体卧室的元素相呼应，装饰板大小也与床头背景的中心相称，天花的黄色灯带和整体感觉都与卧室的颜色相符，让人感觉卧室干净、温馨，视觉效果整体宽敞、明亮。

▲ 天花的纯白色配上装饰条，让卧室给人一种强烈的空间感。暖黄色的灯带设计在天花转角处，让整个屋子更显温暖清新。

3. 墙面

为满足休息睡眠的空间，其墙面不宜过于繁杂，一般背景墙颜色都是以浅色系为主，以营造一种温馨、和谐的气氛。靠床头一面的背景墙常用以装饰，特殊的材料和形式使室内空间层次丰富，并能够营造出其风格特征。

设计 / 黎 武

设计 / 任 伟

设计 / 孟红光

◀ 蓝色背景墙给人清新自然的感受，与整体色调相符合，配合自然元素的图案，让人仿佛置身大自然，体会到轻松、愉悦的感受。

▶ 彩色的几何图形装饰元素，不断叠加重复，勾画出个性空间的时尚感，激发出空间活力，形成很强的视觉张力，带来不同凡响的视觉效果。

设计 / 杜 坤

◀ 简单却又规律的线条，用在明亮又带有时尚感的房间，加强了立面的艺术感，色调与整体相符，提升居室的华丽感。

设计/黎 武

设计/田来帅

设计/代文强

▲ 软包背景墙，材质柔软，色彩柔和，柔化了整体的空间氛围，纵深的立体感提升了卧室的整体感觉，给人低调、奢华的视觉感受。

设计/杨静平

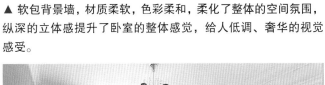

设计/石家庄尚·品设计工作室

◀ 白色背景板搭配矩形元素，平衡了空间的色调，增添了沉稳和儒雅的气质及大气时尚的空间氛围。

4. 家具

　　卧室的家具主要由睡床、床头柜、化妆台、贮藏柜及桌椅组成。根据不同年龄层次及不同主人的喜好来选择家具。同一间卧室中的家具，最好选择同一种品牌或风格的，这样才能和谐统一。颜色要协调，款式和材质应相同或相似，各种家具在搭配上大小尺寸要和谐。

▲ 成套的仿古家具与整体的色调在卧室中给人温馨奢华感，让人感受到古典的气息。

▲ 白色的家具非常统一、和谐，与整个屋子的色调相吻合，在以暖色为基调的卧室中，显得恬静优雅。古典主义的风格，注重品质感和细节。

◀ 卧室没有过多的家具摆设，以这种明亮的色调搭配，使屋子简约素雅。强调这种简洁、明晰的线条和优雅，得体有度的装饰，注重实用性。

设计 / 姬建江

设计 / 厦门创家园设计装饰 林耀明

设计 / 付艳超

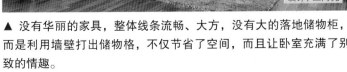

设计 / 兰海亮

设计 / 谢 亮

▲ 没有华丽的家具，整体线条流畅、大方，没有大的落地储物柜，而是利用墙壁打出储物格，不仅节省了空间，而且让卧室充满了别致的情趣。

▲ 家具整体在细节上处理得十分精细，椅子的设计也显得高贵华丽，没有繁复的雕花，用硬直的线条配上温婉的细节装饰，让家居更有灵性，时尚之中又带有了强烈的贵族气息，给人耳目一新的感觉。

5. 灯具

目前，灯具市场品种较为丰富，造型千变万化。选择适合自己的产品，首先要考虑居室结构及整体装修风格。楼层高低、天花横梁的装饰与分布、灯饰的色彩与材料等，都是选择和装置灯饰时要考虑的因素。

设计 / 魏庆喜　　　设计 / 黄群飞

设计 / 辛现鹏　　　设计 / 欧高斌

▲ 欧洲古典风格的吊灯，主要材质由铁艺、玻璃和布艺组成，其设计强调了光感的均匀度，使得灯光柔和，不会刺眼。

▲ 充满现代感的灯具给人时尚高雅的气质，又营造了温馨典雅的氛围，同时灯带的设计注重节能，经济实用，同时具有装饰性和美学效果。

设计 / 李丽娜

设计/王颖彬

设计/代文强

设计/刘军强

▲ 屋子中心的这种装饰照明，起到了很好的装饰效果，又创造了卧室空间中的浪漫、温馨的气氛，灯光既不过强又不发白，而是选择了暖黄色的光，与自然光接近。

设计/刘 东

▲ 卧室中的灯光宁静舒适，乳白色的灯光与卧室的墙壁相映，整个卧室的光线十分充足却不刺眼，同时光又经过墙壁发射出来，光线柔和。

设计/姚国欣

温馨小贴士

卧室家具色彩的选配技巧

要把卧室内家具的色彩置于建筑空间中去考虑，使家具与家具之间，家具与环境色彩之间，掌握和谐统一的原则或在统一的基调中寻求变化。使之成为优美的韵律感。如果用同一色度，同一色相的颜色处理家具及其所处环境的一切，就难免呆板、单调，有时用一点鲜艳的或与众不同的颜色来突出重点，会起到很好的效果。例如家具表面色为黄色，再采用紫色或紫罗兰色作为线条边，可以起到画龙点睛的作用，而且会使整个家具显得轻松而稳健，明快而不空虚。

如何选择卧室中的门？

卧室作为我们休息的主要场所，在选购门的时候，首先应当考虑卧室门的隔音效果，其次也要兼顾它的装饰效果。所以实木门、实木复合门、模压木门都可成为卧室门的选购目标。

实木门是以天然原木做门芯，经过干燥处理，加工而成。实木门的价格虽然较高，但因其木材用料、纹理等不同而有所差异。实木复合门的品种很多，它是以实木做内支撑或框架，贴上高密度纤维面板或者中纤板、刨花板等人工合成材料，最后表面再贴上带木纹和色彩的纸或PVC软片。因其造型多样，款式丰富，价位比较便宜，因此受追求时尚的年轻人喜爱。模压木门是由两片带造型和仿真木纹的高密度纤维模压门皮板经机械压制而成。具有防潮、膨胀系数小、抗变形的特性，由于门板内是空心的，自然隔音效果相对实木门来说也要差些。

Chapter9　卧室装饰风格类举

1. 浪漫典雅的欧式风格

　　欧式风格是一种以华丽、高雅为特色，追求欧洲文艺复兴时期贵族情调的风格。家具擅用各种花饰、丰富的木线条装饰、富丽的窗帘帷幔。空间环境多表现出华美、富丽、浪漫的气氛。

设计 /WILLIS（威利斯）设计公司

设计 /WILLIS（威利斯）设计公司

▲ 卧室中多处采用具有浓烈欧式风格的家具和灯饰进行装修，营造出一种带有欧洲皇室风格的意境，在阳光的照射下更显温暖、华贵。

▲ 时尚、奢华于一体，整体感觉很强烈。

设计/陈　涛

设计/朱　涛

设计/梁青山

▲ 在有限的举架空间内，用华丽的棚线贴面进行装饰，不失为一个好办法。床头与电视背景墙的别致造型，体现了细节的周到，大气中显现出华饰与雅致。

▲ 华丽但不庸俗，高贵但不奢侈。紫色与金色的搭配，续写经典色彩的传奇。

◄ 浪漫和温馨搭配，整体卧室细节很丰富，给人一种精致的生活感觉。

设计/绳家友

设计/绳家友

▲ 金银色的家具及壁纸是卧室金碧辉煌气息的焦点，将奢华的欧式风展露无遗，用橙色的窗帘与床品进行点缀，使空间平添了几分妩媚。

设计/沙建磊

设计/杨 军

▲ 欧式的家具充斥着卧室的每一个角落，使其显得富丽堂皇，软包床头及墙面均是高贵气质的表现，更使得卧室经典奢华。

设计/杨 军

设计 / 龙舟装饰

2. 时尚简约的现代风格

现代风格以简洁、明快、单纯、抽象为主要特点，重视室内空间的使用功能，常用组合式家具、板式家具或软垫家具，造型新颖，色彩淡雅。家具布置与空间密切配合，有强烈的时代节奏感。

▲ 实用是简约现代风格的特点之一，卧室中用整体衣柜的形式将有限的空间充分得到了利用。用白色与黑色搭配素雅、整洁。

设计 / 创意空间装饰　宋富鑫

设计 / 付艳超

▲ 这套小户型设计方案中，简约的家具与装饰画看似随意摆放，实则能使呆板空间活跃起来，也是设计师别具匠心的发挥。

设计 / 邝定邦

设计 / 吴献文

设计 / 沙建磊

设计 / 孙传财

▲ 追求时尚而不浮躁，庄重典雅而不乏轻松浪漫的感觉。

▲ 温馨舒适的卧室是高品质生活的首选。根据空间条件，将卧室安排得得心应手，让色调、线条勾勒出富于情调、时尚的风格创意。

设计 / 石家庄尚·品设计工作室

设计 / 刘 东

3. 返璞归真的田园风格

　　淳朴与真诚、回归与眷恋，田园风格给了我们享受另
一种生活的可能。这种风格摒弃了烦琐和奢华，体现了对
自由生活的向往。在色彩的选择上多用温馨的暖色为主色
调，花卉图案装饰为辅，相互依托，浑然一体。以追求简
朴的天然材料质感为目的，常把砖石、木材不加修饰裸露
在外。四周墙壁多用杉板铺贴。在原始的简陋中略带城市
化的优越感。

▲ 绚丽清新的透纱窗帘给室内增添了一丝
愉悦和活力，无论是抱枕、窗帘还是床上
饰品，都是你中有我、我中有你，搭配黄
色的墙壁，给人温暖的归属感。

▲ 卧室整体给人自然、怀旧、古朴的感觉。
保留原木材的纹路和质感，配上布艺等自
然元素加以调节，加上具有自然风情的椰
子树挂画，整个屋子让人能够体会到自然、
放松的气息。

◀ 田园风格的布置比较温馨，
床单与壁纸、窗帘相互呼应，
无论是在花纹还是在用色上，
都能够和谐统一。给人以一种
清婉惬意的格调。

设计/贾 元

设计/科宝博洛尼 刘 岩

设计/孟红光

▲ 在设计中运用木、石、织物等天然材料，营造出古朴、自然的田园意境。黑白的对比搭配，使卧室里多了一分时尚与简洁。

▲ 木质的家具和素色装饰，营造出一种淡然的意境，暗花的装饰与纯白色家具相配，无不显示出田园的那种惬意和安宁。

4. 宁静致远的中式风格

中式风格大气、稳重，厚实深邃而不失浪漫。以明清家具为代表，用料考究、做工精细、色彩沉稳，体现了中式的家居风范与传统文化的审美意蕴。装饰材料常以木质为主，造型典雅。家居摆放讲究对称，重视文化意蕴；配饰擅用瓷器、字画、古玩、盆景等加以点缀。

设计/马 飞

设计/金世纪装饰 王 烈

◀ 卧室整体采用了极富中国古典特色的装饰，从家具到摆设，都体现了浓郁的东方之美，这种极简主义的风格浓缩了几千年的华夏文明。以简约的造型为基础，添加中式元素，使整体感觉更加丰富，有格调又不显压抑。

设计 / 戚 龙

设计 / 沙建磊

▲ 墙体造型简洁现代，在醒目的位置上饰以国画，这种组合给人强烈的视觉效果，同时又将时尚与古典完美结合。配饰上很简洁，少了奢华的装饰，更好地表达出传统文化中的精髓。

设计 / 邵 权

设计 / 金世纪装饰 王 烈

▲ 整体采用暖黄色调，配上墙面的整幅画卷式的壁纸和柔和的灯光，给居室增添了几分暖意，精巧的灯具和雅致的装饰，给人一种浓浓的古韵，无论是窗帘、窗饰还是地毯，都在细节中寻求了一种和谐。

设计 / 呈艺装饰公司 刘方旭

设计 / 查裕高

▲ 恬淡的浅色系，配上温暖的淡粉色，让人心情愉悦。传统纹样的地毯、仿古的灯带、明式圈椅，这种淡然渗透到屋子里的每一个角落，不仅感到古色古香，更有一种简约时尚感，一派宁静悠远。

▲ 以沉稳的木色调为主，素雅单纯的空间与木质家具的搭配对比鲜明，墙饰、挂画上彰显出设计的质感，整体深浅对比，层次有序，穿插暖色调的配饰和灯光，体现居室温馨的感觉。

5. 淳朴自然的地中海风格

　　地中海风格的基础是明亮、大胆，色彩丰富、简单、民族性，有明显特色。色彩以白色和蓝色为两个主打色，并采用地砖、灰泥墙面和白玉圆柱栏杆。最好还要有造型别致的拱门、一个流线型的门窗和细细小小的石砾。置身于室内，似乎能闻到阳光的香味和平静湛蓝的海水气息。

▲ 运用蓝与白，形成典型的地中海色彩搭配，无论是墙壁、门窗还是床饰，都将蓝与白不同程度的对比与组合发挥到了极致。仿佛将人带入了那个主色调为蓝白两色的伊斯兰国度。

▲ 阳光投射下的金黄和窗外的绿树相映，而整体的家具采用低彩度、线条简单且修边浑圆的木制家具，地面则是切割后的瓷砖组合，具有自然的美感，给人大地般的浩瀚感觉。

▲ 拱门和半拱门在卧室中相互连接，使人在观赏中制造出一种延伸般的透视感。墙面上，运用了半穿凿的方式塑造了室内中的景中窗，又以浅蓝色搭配淡黄色，给人一种阳光、海滩的纯美感受。

6. 彰显个性的混搭风格

　　混搭风格融合东西方美学精华元素，将古今文化内涵完美地结合于一体，充分利用空间形式与材料，创造出个性化的家居环境。混搭并不是简单地把各种风格的元素放在一起做加法，而是把它们有主有次地组合在一起，以一种风格为主，靠局部的设计增添空间的层次。

设计 / 魏庆喜

设计 / 苏文武

◀ 简单明朗的线条使整个屋子充满了简洁大方、宽敞的感受，背景墙上用浅色系的碎花壁纸进行中和，使房间的整体和谐统一，墙上的中国字画也使得整体的气氛灵动了起来。

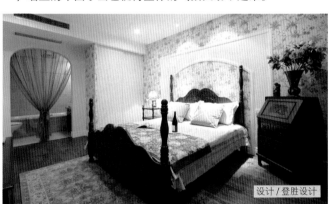

设计 / 登胜设计

▲ 家具均采用木色系，复古的床架造型和柜子使整个屋子看起来有一种古典的低调奢华感，而拱门的造型应用在墙壁两侧，辅以典雅的纱幔和清新的小碎花，让整体充满了温馨舒适感。柜子上明黄色的小花更是让整个卧室都鲜活了起来。

设计 / 导火牛

设计 / 陈毛豪

◀ 大色块的鲜艳对比，让整体给人带来活跃、明快的感受，淡淡的阳光透过淡蓝的窗帘，只需一抹阳光就能让满室瞬间变得阳光、鲜活。无论是床饰还是彩色珠子组合成的灯具，都能让人感到快乐与轻松。

走廊篇

走廊也称为过道、过廊。也就是从一个空间进入另一个空间无法直接到达，必须牺牲一部分空间面积作为人在各个空间转换之用。

Chapter10 走廊说法

走廊也称为过道、过廊。也就是从一个空间进入另一个空间无法直接到达，必须牺牲一部分空间面积作为人在各个空间转换之用。受家居建筑设计的限制，大多数家居中都会有走廊，而在家庭装修中往往被我们所忽视，当走过一个两臂空空的走廊一定会感到单调乏味，因此，设计走廊的原则是：尽量避免狭长感和沉闷感。

Chapter11 走廊空间布置原则

过廊是联系不同空间的过渡空间，在设计上一定要与整体居室环境相协调。合理地利用空间，也就是有效地节约成本。如果走廊比较宽的话，可以沿墙打一排柜子，收纳家居物品，也可把家里的展示空间放在走廊里，利用隔板、壁柜展示自己的珍藏，或设置休闲座椅，供人休息、闲谈。对于面积较小的走廊，能布置的地方就非常少，主要应该在墙面或天花上下功夫，而下部人要行走的空间可以什么都不布置，以满足使用功能为前提。不过过道端头是走廊空间最能出彩的地方，在这里设计师可以充分发挥其创造力，营造一个精致、亮丽的背景来吸引人们的视线。

设计 /WILLIS（威利斯）设计公司

▲ 大量地使用了装饰性很强的古典元素和强烈的色彩对比，使得简单的空间也变得饱满起来。

设计 /祝建深

▲ 精心搭配的古典欧式造型、花纹配合同样风格的灯饰、挂画，营造出奢华、典雅的装饰效果。

设计 /邹锡林

▲ 在墙面、地面及天棚采用了比较丰富的色彩和装饰，配合精致的柜子和挂画，将狭小的走廊变得活泼生动。

设计 /DOLONG 设计

▲ 在简单的空间里使用强烈的黑白对比，配以简单的吊顶，营造出如同水墨画一样简练、写意的感觉。

设计 /DOLONG 设计

▲ 大胆的配色和纹理的选用，加上韵味十足的中式陈设，将简单的走廊变得令人过目难忘。

设计 / 登胜设计

▲ 大面积白色及浅色的空间中，使用精心设计过的灯光来产生丰富的空间层次。

设计 / 厦门创家园设计装饰　林耀明

▲ 墙面极具装饰效果的镂空装饰结合灯光设计，产生了强烈的视觉冲击力。

设计 / 登胜设计

▲ 在简单的空间中，凭借家具、灯光的运用同样可以得到简洁清爽的感觉，从而营造出极简的风格。

设计 / 沈阳实创装饰

▲ 在简洁现代的风格中适当地采用一些造型，可以起到活跃空间气氛的作用。

设计 / 杜坤

▲ 在走廊空间中插入古朴的设计元素，配合饶有趣味的地面拼花做法和墙面的肌理效果，营造出质朴、惬意的感觉。

设计 / 登胜设计

▲ 黑色装饰灯具的大胆使用配合极简风格的家具，令人眼前一亮。

设计 / 导火牛

设计 / 导火牛

▲ 在空间中大量地使用柔和的弧线，地面色彩丰富，又有着恰到好处的图案装饰和质感，使其空间变得活泼又温馨。

设计 / 导火牛

设计 / 导火牛

设计 / 导火牛

设计/金世纪装饰

▲ 在简单的设计风格中依靠玻璃的纹理和艺术陈设，得到强烈又奢华的装饰效果。

◄ 本案中采用大量地道的欧式装饰元素、对比鲜明的拼花和成熟稳重的色彩运用，成功地营造出了高贵奢华的装饰效果。

设计/WILLIS（威利斯）设计公司

设计/金世纪装饰　张朝亮

▲ 丰富多变的吊顶和墙面造型，在灯光效果下点缀以恰到好处的装饰陈设，整个空间简约而不简单，设计感强烈。

设计/昝红焕

▲ 在比较狭小的空间里使用镜面装饰，可以使空间感变得宽敞明亮。

设计/戚　龙

▲ 在主要格调为欧式的设计中，适当地加入一些现代的风格、色彩可以使空间不显得过于压抑。

设计/戚　龙

◄ 在原本很简单的设计风格中局部采用中式的屏风隔断来划分空间，也可以得到不错的装饰效果。

Chapter12　走廊吊顶设计原则

　　走廊的顶面，一般会选用浅色的壁纸或涂料来装饰，以降低空间的压抑感。运用灯池或灯槽的方式进行照明设计，让顶面能充满变化，同时走廊的光线也会更为融合、均匀。此外，可以对走廊的天花进行局部简单的吊顶，尤其是连接客厅的走廊，其吊顶形式要比客厅的吊顶形式简单一些。并在合理的动线上加以适当的照明，这样可以创造出丰富的空间表情，行走之间能倍感舒畅。

设计 / 徐进超

◀ 简单的吊顶凭借灯槽和灯盘的效果变得生动起来。

设计 /DOLONG 设计

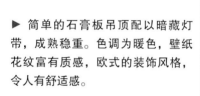

▶ 简单的石膏板吊顶配以暗藏灯带，成熟稳重。色调为暖色，壁纸花纹富有质感，欧式的装饰风格，令人有舒适感。

设计 / 邓晓燕

▲ 简单的平顶上略做一点装饰，就变得很有情调。黑白色调大方简洁，富有张力。

设计 /DOLONG 设计

设计 / 厦门创家园设计装饰　林耀明

设计 /WILLIS（威利斯）设计公司

▲ 简洁而又活跃的造型，配合洗墙灯槽，令狭小的空间也能有丰富的空间感。

▲ 本案不仅仅采用了灯槽的做法，在石膏板吊顶上也使用了分缝的方式来增强吊顶的装饰效果。

▲ 传统的欧式线条和灯带的运用，与整个空间完美地融合在一起，整体风格高贵大气，内敛中彰显品质。

▲ 简单的石膏板吊顶结合椭圆形的透光亚克力装饰，色彩明快，令空间生动活泼，富有生机。

▲ 在墙地面装饰效果已经足够的情况下，简单的平顶加棚线的做法，可以很好地融入整个设计中，不会让空间显得过于烦琐。铺装和壁纸与环境完美融合。

▲ 波浪形的吊顶曲线配以灯带的效果，成为走廊上空一道亮丽的风景。整体画面白色调为主，搭配木质地板干净素雅。

▲ 在整体很简洁的吊顶设计中，走廊却采用了个性十足的折线造型与灯带结合，令通常情况下不起眼的走廊反而成了房间中的亮点。

▲ 天花圆形的灯池吊顶与交叉的网纹设计是本方案中的亮点，墙面富有装饰性，整体效果十分丰富。

◀ 简单的平顶点缀的几个深色圆盘造型灯饰，配以走廊末端的灯带和射灯，创造出一种简洁有个性的感觉。

设计/张海峰

▲ 因为本案中的风格以简洁为主，走廊的吊顶采用了平顶加洗墙灯槽的做法，同整个设计和谐统一。

设计/康 宁

▲ 本案的吊顶大胆地采用不对称的做法，与空间相协调，暗藏的暖色灯带又为走廊增添了一丝温馨的感觉。

设计/兰海亮

▲ 简单的平面石膏板吊顶结合镜面效果，既起到了划分空间的作用，也起到了一定的装饰效果。

设计/樊海鑫

◀ 在简单的吊顶上适当地增加色彩和图案，可以丰富空间，增添空间的活跃氛围。

设计/李 嘉

▲ 石膏板造型和中式木作吊顶结合，很好地衬托了室内地设计风格。

设计/戚 龙

▲ 简洁的线条和吊顶造型，巧妙地隐藏了顶棚的梁，又有着一定的装饰效果。

设计 / 徐进超

▲ 因为本案中吊顶高低层次较多，因此走廊采用了简单的平顶做法配以洗墙灯带，不喧宾夺主。

设计 / 黎 武

▲ 洗墙灯带、天花中间开槽、排成一列的射灯共同所构成的透视线条使得走廊的空间纵深感更加强烈。

设计 / 长沙烙意设计工作室

▲ 极简主义风格的设计中，平顶配合射灯的做法，也可以得到很好的效果。

Chapter13 走廊地面设计原则

走廊的地面材料最好能符合耐磨和经常清洁的特点，多选用地砖、理石、木地板。比较常规的做法是让走廊的地面自然顺延其他空间的地面材料，这样可以保证空间的整体感，使走廊看起来明亮通透。当然，如果走廊比较宽敞明亮。也可用单独的材料来区分，进而起到划分空间的效果。

设计 / 厦门创家园设计装饰　林耀明

▲ 在狭小的空间里，地砖简单的斜拼就可以令空间生动起来。墙壁设有放置装饰品的凹槽，提升细节品位。

设计 / 导火牛

▶ 质朴的深色地砖很好地衬托了丰富的墙面，其色彩对整个空间的平衡也有着重要的作用，令整个空间的感觉成熟稳重。

设计 / 登胜设计

设计 / 导火牛

设计 / 导火牛

▲ 在简洁为主的设计方案中，简单的米黄色地砖与墙面、天棚搭配得当，同样可以得到很好的整体效果。

▲ 黑白格的设计令地面变得活泼生动，别具一格。

▲ 在地面上采用一些不常用的颜色，有时也可以收到奇效。

设计 / 苏文武

设计 / 杨 飞

▲ 纹理强烈的深色条带与斜拼的浅色地砖，同为暖色调的复古装饰品，与整个空间的设计相得益彰、和谐统一。

设计 / 黄 译

◀ 简洁明亮的地砖和亲和力很好的地板结合使用，凭借材质质感和颜色的对比，既可以区分空间，也可以得到视觉上的装饰效果。

▲ 地面的拼花图案具有强烈的视觉冲击力，是这个走廊最大的视觉亮点。

设计 / 余小雅

设计 / 金世纪装饰 张朝亮

▲ 地面采用纹理很有特色的地板装饰，营造出一种质朴、亲和的感觉。

▲ 在狭小的走廊地面中，铺装上花费心思，运用了深浅对比的方式来起到装饰效果，使空间丰富起来。

设计 / 唯居雅阁装饰 王洋洋

设计 / 夏 明

▲ 深色条带结合斜拼地砖是常见而且效果不错的装饰手法。

▲ 走廊的墙面顺延其他部分的做法，整个空间和谐统一。弧形吊顶配合灯带，增添空间的丰富性和趣味性。

设计 / 铭城印象

设计 / 冯昌辉

▲ 浅色的石材地面配以两条深色的石材条带，强调出走廊延伸的感觉，既有功能分区的作用，也有一定的装饰效果。

▶ 采用和相邻空间同样的地板材质，空间感连续，与墙面、顶棚也相互协调统一。暖色调的灯光搭配白色墙壁和原木质感地板，干净简洁。

设计 / 戚 龙

▲ 黑白棋盘格的做法是经典而又效果不错的做法之一，地面铺装的变化立刻让空间丰富又时尚了起来。

设计/金世纪装饰 博韬

▲ 因为墙面有着较为丰富的设计成分，因此地面不再做复杂的处理，直接以地板满铺，既能衬托墙面的做法，又不至于喧宾夺主。

设计/徐进超

▲ 大面积的地砖满铺配以小块的深色地砖点缀，简单之中又有着装饰，整体风格和谐统一，为空间增添了活力。

设计/戚龙

▲ 深浅两色的仿古砖加上斜拼的做法，为简单的整体设计增加了些亮点，雅致复古的气氛油然而生。

设计/辛现鹏

▲ 地面采用了同墙面呼应的交叉纹斜拼做法，整个空间感觉浑然一体。

设计/杨璐帆

▲ 本案走廊采用了斜拼棋盘格的做法，装饰效果强烈。有着良好的装饰效果和分区功能。

设计/易俗

▲ 使用深色复古砖的条带划分出走廊的区域，并且采用斜拼的方式使空间活泼生动，整体空间被巧妙地划分开来。

温馨小贴士

如何对走廊空间进行装饰？

走廊空间可采用的装饰手法很多，比如：在走廊上挂风格突出装饰画作为艺术走廊，甚至挖出凹形装饰框，放置不同的饰品；亦可在墙壁用毛石等稍作处理制造仿古的感觉，或安装一块较宽的茶色玻璃，镜面四周用铝合金镶框，以达到借墙为镜，引进空间的良好效果；还可以做壁龛、小景点等造成趣味中心等。另外，还可以在走廊的尽头放置收纳柜或边柜，在上方放置些艺术品或绿植进行装饰，以达到室内温湿度的平衡和烘托气氛的作用。

刘 东 001　导火牛 002　导火牛 003　罗 霞 004　庄荣金 005　朱国庆 006　朱国庆 007　吴献文 008　导火牛 009　景 尧 010

庄锦星 011　沈阳实创装饰 012　梵石设计 013　吕海宁 014　沈阳实创装饰 015　沈阳实创装饰 016　沈阳实创装饰 017　林耀明 018　沈阳实创装饰 019　林耀明 020

柯与陈 021　杨蛟龙 022　林耀明 023　樊海鑫 024　林耀明 025　贾峰云 026　导火牛 027　苏文武 028　柯与陈 029　谢 亮 030

林文通 031　林耀明 032　袁 野 033　翟 旭 034　易银祥 035　梵 石 036　杨静平 037　代文强 038　查裕高 039　刘希升 040

柯与陈 041　李文斌 042　姚 辉 043　WILLIS（威利斯）设计公司 044　柯与陈 045　邝定邦 046　郑超群 047　许 恩 048　林耀明 049　杜 坤 050

导火牛 051　黎 武 052　尚道林 053　梁醒辉 054　杨荷英 055　吴 锐 056　张朝亮 057　导火牛 058　导火牛 059　郭 翼 060

柯与陈 061　杨 军 062　刘军强 063　柯与陈 064　刘军强 065　戚 龙 066　戚 龙 067　高 求 068　鲁倍宁 069　龙帮发 070

姚 佩 071　柯与陈 072　杨 军 073　杜 坤 074　导火牛 075　杜 坤 076　导火牛 077　刘 闯 078　张朝亮 079　赵 广 080

景 尧 081　任 伟 082　金田伟业 083　杜 坤 084　导火牛 085　卢彦斌 086　高 明 087　袁 野 088　导火牛 089　贾峰云 090

李芝强 091　姚国欣 092　张旭龙 093　戚 龙 094　柯与陈 095　泛设计工作室 096　赵 广 097　导火牛 098　柯与陈 099　丛启楠 100

杨军 101　刘洋 102　林文通 103　祝建深 104　苏文武 105　金亮 106　余顺弟 107　王立世 108　李文斌 109　易俗 110

戚龙 111　杜坤 112　杜坤 113　黄译 114　赵广 115　刘东 116　杜坤 117　辛现鹏 118　任伟 119　刘建新 120

金世纪装饰 121　泛设计工作室 122　欧高斌 123　张雪松 124　王洋洋 125　李文斌 126　刘军强 127　杨璐帆 128　吴锐 129　戚龙 130

吴品 131　戚龙 132　导火牛 133　导火牛 134　刘军 135　杜坤 136　贾峰云 137　WILLIS（威利斯）设计公司 138　欧建书 139　郑超群 140

余顺弟 141　吴品 142　粟志伟 143　李志荣 144　戚龙 145　戚龙 146　李嘉 147　柯与陈 148　贾峰云 149　导火牛 150

导火牛 151　张朝亮 152　刘岩 153　回剑波 154　王海兵 155　余顺弟 156　梁醒辉 157　刘东 158　徐进超 159　回剑波 160

张旭龙 161　刘希升 162　柯与陈 163　梁醒辉 164　余小雅 165　戚龙 166　导火牛 167　WILLIS（威利斯）设计公司 168　苏文武 169　吴锐 170

万显波 171　铭城印象 172　任伟 173　柯与陈 174　龙威 175　戚龙 176　戚龙 177　徐进超 178　戚龙 179　戚龙 180

戚龙 181　戚龙 182　任伟 183　杨军 184　郑超群 185　林金亮 186　任伟 187　淮安钟凯丽装饰锦绣工作室 188　唐丹 189　戚龙 190

杨志宝 191　丛启楠 192　淮安钟凯丽装饰锦绣工作室 193　黎世红 194　陶胜 195　杨荷英 196　张朝亮 197　泛设计工作室 198　李嘉 199　徐进超 200